中国儿童核心素养培养计划

U0403250

课后半小时 小学生阶段阅读

文化基础 × 自主发展 × 社会参与

神奇生物

课后半小时编辑组 ■ 编著

丰富的生命世界

004

北京理工大学出版社
BEIJING INSTITUTE OF TECHNOLOGY PRESS

核心素养之旅

Journey of Core Literacy

中国学生发展核心素养，指的是学生应具备的、能够适应终身发展和社会发展的必备品格和关键能力。简单来说，它是可以武装你的铠甲、是可以助力你成长的利器。有了它，再多的坎坷你都可以跨过，然后一路登上最高的山巅。怎么样，你准备好开启你的核心素养之旅了吗？

文化基础

科学基础

第 1 天 万能数学 数学思维

第 2 天 地理世界 观察能力 地理基础

第 3 天 物理现象 观察能力 物理基础

第 4 天 神奇生物 • 观察能力 生物基础

第 5 天 奇妙化学 理解能力 想象能力 化学基础

科学精神

第 6 天 寻找科学 观察能力 探究能力

第 7 天 科学思维 逻辑推理

第 8 天 科学实践 探究能力 逻辑推理

第 9 天 科学成果 探究能力 批判思维

第 10 天 科学态度 批判思维

人文底蕴

第 11 天 美丽中国 传承能力

第 12 天 中国历史 人文情怀 传承能力

第 13 天 中国文化 传承能力

第 14 天 连接世界 人文情怀 国际视野

第 15 天 多彩世界 国际视野

自主发展

学会学习

第 16 天 探秘大脑 反思能力

第 17 天 高效学习 自主能力 规划能力

第 18 天 学会观察 观察能力 反思能力

第 19 天 学会应用 自主能力

第 20 天 机器学习 信息意识

健康生活

第 21 天 认识自己 抗挫折能力 自信感

第 22 天 社会交往 社交能力 情商力

社会参与

责任担当

第 23 天 国防科技 民族自信

第 24 天 中国力量 民族自信

第 25 天 保护地球 责任感 反思能力 国际视野

实践创新

第 26 天 生命密码 创新实践

第 27 天 生物技术 创新实践

第 28 天 世纪能源 创新实践

第 29 天 空天梦想 创新实践

第 30 天 工程思维 创新实践

总结复习

第 31 天 概念之书

中国儿童核心素养培养计划

课后半小时 小学生阶段阅读

文化基础 ✖ 自主发展 ✖ 社会参与

004

卷首

FINDING 发现生活

EXPLORATION 上下求索

COLUMN 青出于蓝

THINKING 行成于思

卷首

21 世纪
是生物学的时代

生物是什么呢，是养在家里的绿植，还是公园里茂盛的花花草草？是在你脚边蹭来蹭去的小猫小狗，还是在草原上傲视一切的狮子？其实，这些都是生物，可是生物又不只有这些。

生物是一个很“窄”的概念，只有有生命的物体才是生物。而地球区别于太阳系中其他行星的一大特征，就是上面有生命物质。从地球上出现第一个生命开始，一直到现在，经过了几十亿年的发展变迁，地球上的生物经历了几轮灭亡，才形成了如今丰富多彩的生物圈。

可是生物的世界，又是一个很大很大的世界，生物学也是一个庞大的领域。生物学是研究生命现象和生命活动规律的科学，从生命的起源、演化，到生态系统的破坏和保护，这一切都被囊括在生物学的范围中。从人类对生命的探索，到科学家不断拓展生物学的分支，生物学不断发展。

你的衣食住行离不开生物学的发展。人类不仅从动植物中获取原材料制作食品、衣物，也研究着各种微生物给人来带来的利弊，人类的生存和生物学密切相关。现代农业也离不开生物学的发现，你最熟悉的杂交水稻，就是利用了生

物学中有关杂交育种的知识。若没有生物学，医疗也不会像现在这样发展迅速，比如青蒿素就利用了生物合成技术。而最为前沿的生物技术的发展更是少不了生物学的助推，无论是基因工程还是细胞工程，它们的发展都离不开生物学的进步。

有人说，21 世纪是生物学的时代。没错，在 21 世纪，生物发现和生物研究进入井喷状态。生物学作为一个学科只有近 300 年的历史，但是它的未来却是不可估量的。无论未来想要投身于医药行业，还是想要做现代农业的领路人，生物学都将是你前进路上的助推器，推着你朝目标前进。

这本书把生物学世界的小小一角展现在你的面前，希望你能窥见生物学的奥秘，也希望你能在这广阔的生物学世界里更加了解地球，更加了解生物，也更加了解自己。

杨焕明

中国科学院院士，基因组学家

小小公园，大大世界

我们的城市里有大大小小的公园，里面有花有草，还有各种各样的小动物，如果你去了，你就会发现，小小的公园里面藏着大大的世界。

公园里有大片的青草绿地，草丛中偶尔会传来些虫鸣；公园里还有五彩斑斓的花海，每一朵鲜花都在努力展示自己最美丽的样子；公园里还有神神秘秘的小树林，里面藏着许多有趣的生物，我们虽然不一定能见到它们，却可以听见它们美妙的歌喉；有的公园里还有一面小湖，平静的湖面上泛起鱼儿们游动时划出的涟漪。

公园里还有很多好玩的地方，这一切，都是因为许许多多的小生物在这里安家，才让这里变成了一个大自然的社区。

撰文：波奇

喜鹊

别称 报喜鸟

属性 脊椎动物 - 鸟类

特点 好运与福气的象征

双叉犀金龟

别称 独角仙

属性 节肢动物 - 昆虫

特点 头上长角的大力士

公园中的生物

其实我们身边存在各种各样的生物，
它们鲜活又多样，
为这个世界增加了无限的光彩。

撰文：十九郎

啄木鸟

别称 嗱哒木

属性 脊椎动物 - 鸟类

特点 喜欢给树木治病

乌鸫

别称 百舌鸟

属性 脊椎动物 - 鸟类

特点 擅长模仿各种鸣叫声

蚂蚁

别称 昆蜉

属性 节肢动物 - 昆虫

栖息环境 地面、地下

蒲公英

别称 婆婆丁

属性 草本植物

特点 种子上有绒毛，能随风飘走

菠萝

别称 凤梨

属性 凤梨科 - 凤梨属

特点 外硬内软

番茄

别称 西红柿

属性 茄科 - 番茄属

特点 既是蔬菜也是水果

北京雨燕

别称 楼燕

属性 脊椎动物 - 鸟类

特点 除繁殖期，终生飞行不落地

黑斑侧褶蛙

别称 青蛙

属性 脊椎动物 - 两栖类

特点 腿长，善于跳跃

家鸡

属性 家禽

鸟纲 - 鸡形目 -

原鸡属

尖音库蚊

别称 蚊子

属性 节肢动物 - 昆虫

特点 只为生宝宝而吸血

家犬

别称 狗

属性 脊椎动物 - 哺乳类

特点 善解人意

瓢虫

别称 花大姐

属性 节肢动物 - 昆虫

特点 身体像一个瓢

家猫

别称 古称“狸奴”

属性 脊椎动物 - 哺乳类

特点 听力敏感，喜欢夜间活动

生命从细胞开始

撰文：硫克
美术：王婉静 等

上下求索 EXPLORATION

无论是植物、动物，还是你平时看不见的微生物，所有的地球生命都离不开细胞。
你是不是很好奇，既然生物是由细胞组成的，为什么我们看不见细胞？
想要看见这些微小的细胞，需要用到显微镜。
光学显微镜可以把细胞放大几十倍，甚至几百倍。
细胞这么小，那我身上一共有多少细胞呢？
一个成年人的体内有60万亿~100万亿个细胞！
笔尖大小的皮肤表面，都有成千上万个细胞。

人类这种由多个细胞构成的生物，被称为多细胞生物。

常见的动植物都是多细胞生物。

一些生物本身就是一个细胞，因此被称为单细胞生物。它们非常微小，要用显微镜才能看清。

这条小河里就有很多肉眼看不见的单细胞生物。

衣藻

草履虫

眼虫

还有一些生物虽然不是细胞，但它们需要依靠细胞才能生活。它们就是病毒。

我就是病毒！

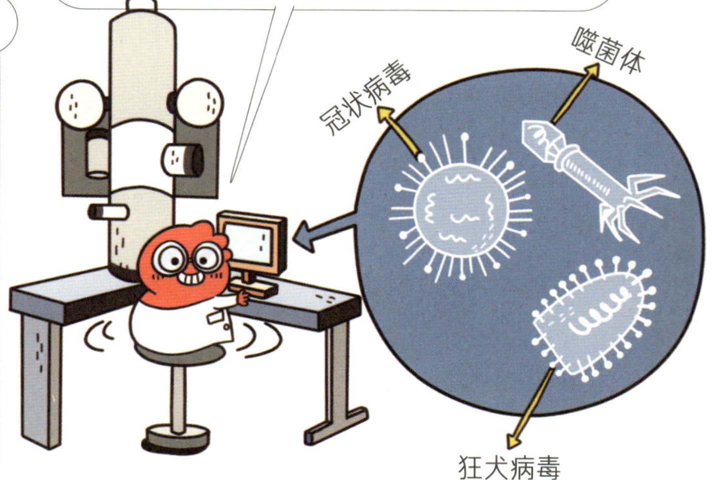

病毒比一般细胞体积小很多，要用实验室里的电子显微镜放大上万倍才能看清。
冠状病毒
噬菌体
狂犬病毒

鸡蛋黄是一种卵细胞。

细胞内部大探秘

撰文：硫克 波奇

中心体
（负责细胞的分裂）

核糖体
（真核细胞中合成蛋白质需要三步，核糖体负责第一步）

线粒体
（为细胞制造能量）

溶酶体
（分解从外界进入细胞内的物质）

细胞核
（内部含有大多数的遗传物质，是真核细胞的核心区域）

内质网
（合成蛋白质、糖类等，负责真核细胞合成蛋白质的第二步）

细胞膜
（动物细胞没有细胞壁）

高尔基体
（加工、分类并运送由内质网合成的蛋白质，负责真核细胞合成蛋白质的最后一步）

真核细胞（动物）

我们都知道，细胞小到肉眼看不见，它们就像一个个坚固的小房子，共同“建造”出我们的身体。

那细胞里又是什么样子的呢？细胞主要包括细胞质、细胞核和细胞膜三部分，但有的细胞没有细胞核，我们可以据此将细胞分为两大类，即原核细胞和真核细胞。

原核细胞没有细胞核，它只有一团拟核，其作用与细胞核相似。原核细胞是组成原核生物的细胞，细菌就是一种原核生物。真核细胞就是含有细胞核的细胞，动植物都是由真核细胞组成的真核生物。不过，植物不用吃饭，动物可一顿都不能少，植物不会饿吗？动物要靠呼吸维持生命，可植物没有鼻孔，难道就不用呼吸吗？其实这些秘密都藏在细胞里。

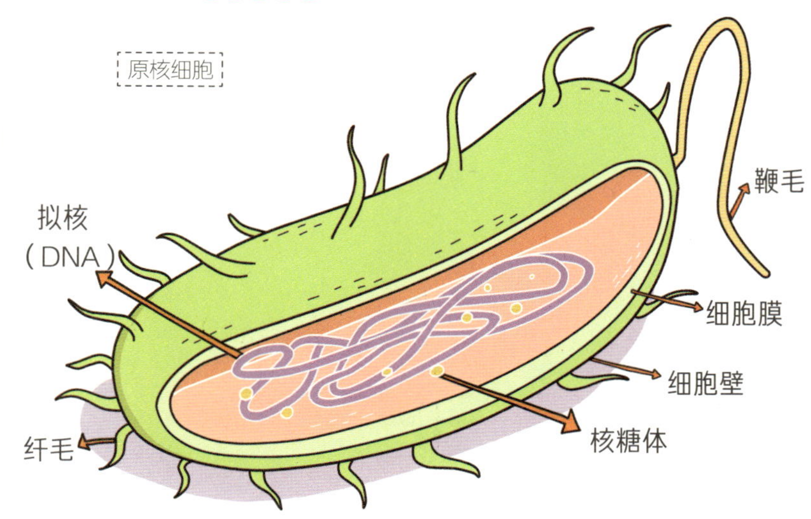

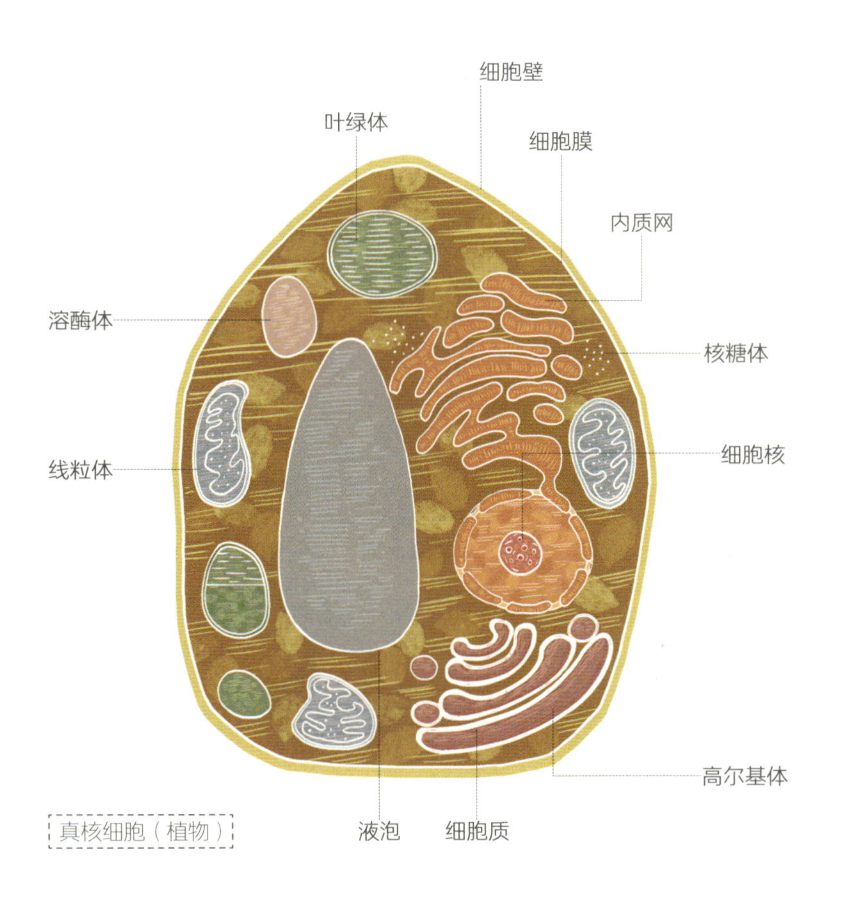

真核细胞（植物）

你看，植物细胞的外围有一层硬硬的细胞壁，它能够固定每个植物细胞的形状，让它们不易变形。植物细胞的内部还有很多叶绿体，植物身上的绿色就来自它们，它们还能够利用阳光生产植物所需的营养物质呢。这就是我们说的光合作用。液泡也是植物细胞特有的，可以维持细胞内部干净整洁的环境，比其他的细胞器都要大。

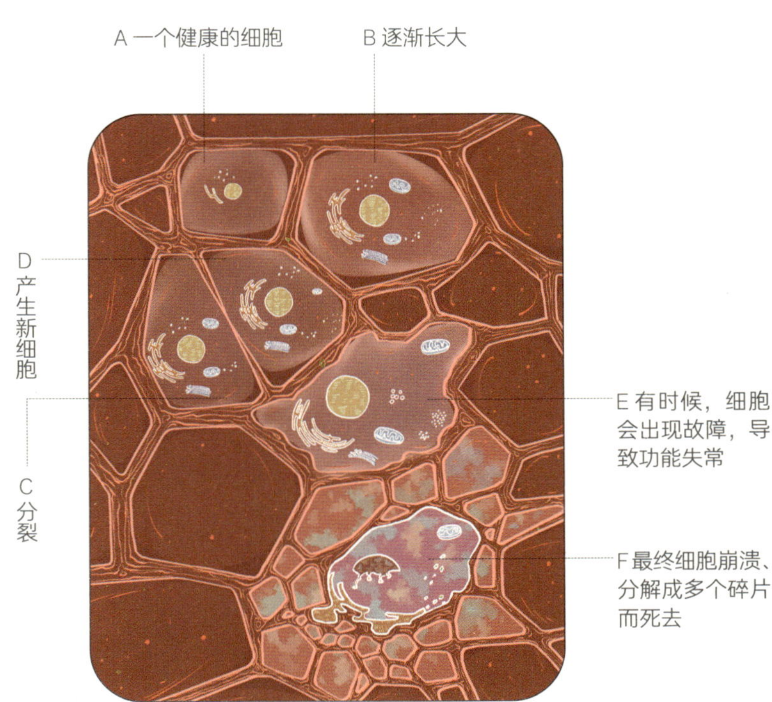

主编有话说

我们日常所能看到的生老病死，其实是细胞生老病死的结果。细胞的一生有出生、成长、繁殖、衰老和死亡五个阶段，看着是不是和生命一样？

为不同的细胞模型
画出通往对应盒子
的线路吧！

来认识
细胞大家族

撰文：Spacium

嗨！我们是神经细胞。

我们负责接收、传递和分析信息。

接下来，就让我带你见识一下人体内各种细胞的本领吧！

肌细胞

我们是肌细胞，特别善于伸缩，心脏的跳动离不开我们！

红细胞

我们是红细胞，在血管里穿梭，负责运输氧气。

血小板

我们是血小板，负责修补破裂的血管壁，避免更多的血液流出。

皮肤细胞

我们是皮肤细胞，能够阻挡有害物质进入人体，比如灰尘、污垢和细菌。

白细胞

我们是白细胞，可以消灭入侵的敌人！

千奇百怪的植物

地球上大约有3000万种生命，它们千奇百怪，共同组成了多彩的生命世界，植物就占了其中的一大部分。

撰文：硫克
美术：王婉静 等

江水在春天呈现出绿色，是因为绿色的藻类植物在温暖的春天大量繁殖。

你常吃的海带，其实也是藻类家族的一员，它是一种生活在海中的巨藻。
藻类植物营养丰富，不仅是许多动物的食物，也被人类当作美食。它们富含的碘元素是人体必需的一种微量元素。
上下求索
EXPLORATION

苔藓很容易受到有毒气体的伤害，所以人们可以通过观察苔藓的变化得知空气污染程度。

蕨类植物叶片的背面布满了这样的褐色突起，里面藏着生命的使者——孢子。

植物的果实是植物生长的副产品，它们能帮助植物更好地找到种子的传播者。

蕨类植物的孢子如果没有落在温暖湿润的地方，很快就会死亡。

相比起来，种子的生命力却很顽强，即使落在比较干旱的地方也能维持旺盛的生命力。

如果遇到特别干旱或寒冷的情况，种子还能休眠，等到环境适宜的时候再发芽。

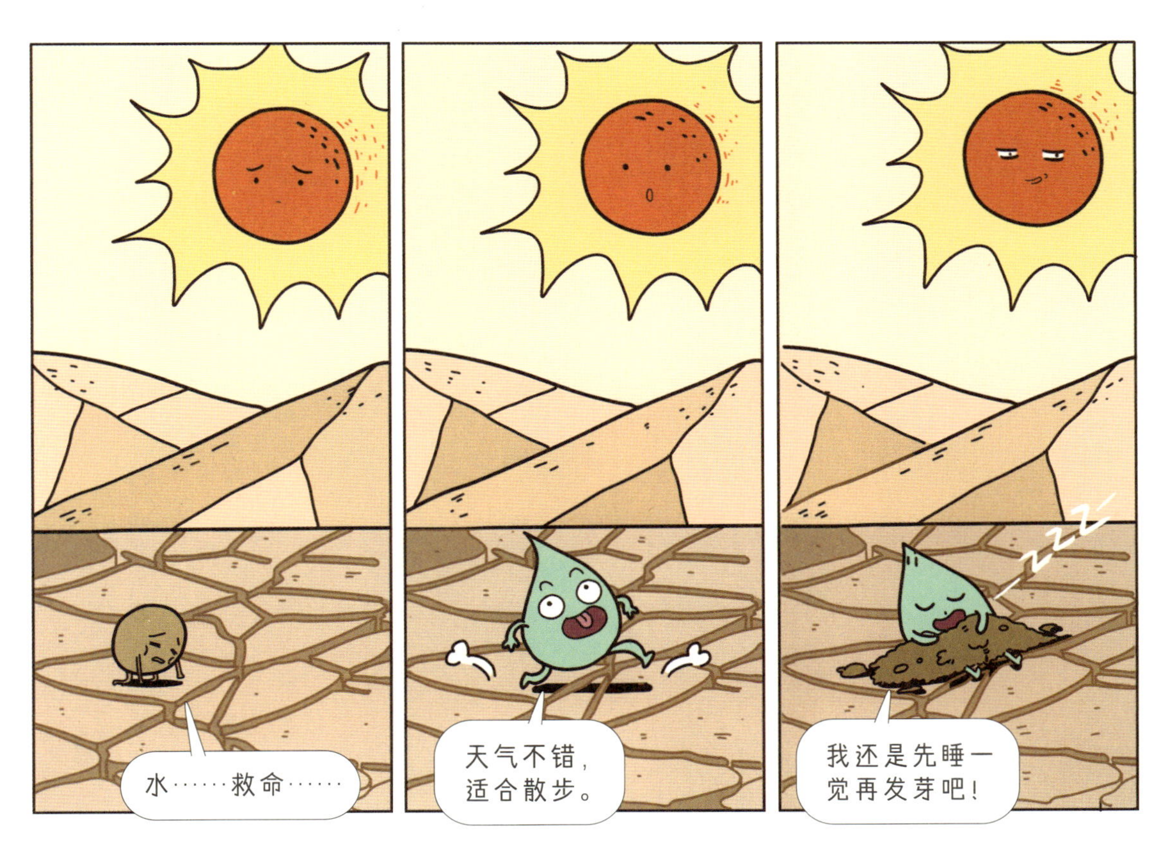

一起去看看动物世界吧

你一定见过许多小动物，像家里可爱的小猫、小狗……自然界中还有很多神奇的动物，我们一起去看看吧！

撰文：硫克 Spacium

脊椎动物

1号嘉宾·鱼类

鱼类大多是游泳高手，它们的身体表面通常覆盖着光滑的鳞片，既有保护作用，又能帮它们在水中快速穿梭。鱼类靠摆动尾巴前进，靠鱼鳍控制方向，还用鳃呼吸呢。

2号嘉宾·两栖动物

两栖动物幼年时期生活在水中，成年之后能在陆地上活动，青蛙就是最常见的两栖动物。幼年时期的蝌蚪和鱼类很像，有尾巴，也有腮，当它们成为青蛙之后，会长出可以在陆地上呼吸的肺。

3号嘉宾·爬行动物

有的爬行动物的身上有一层鳞片，比如蛇；有的身上长着盾牌一样坚硬的甲，比如乌龟。它们通常以爬行的姿势前进，所以被称为爬行动物。

4号嘉宾·鸟类

鸟类的飞行可没看上去那么简单，为了牵动翅膀完成飞行，鸟类几乎都有强健的胸肌；为了减轻体重，鸟类身上的很多骨头都是空心的，非常轻盈。除此之外，飞行还需要消耗大量的能量，这离不开鸟类的独特的消化系统和呼吸系统。

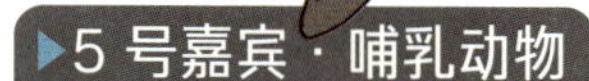

5号嘉宾·哺乳动物

哺乳动物全都用乳汁哺育后代。几乎所有的哺乳动物都是从妈妈的肚子里生出来的，但是也有例外，比如针鼹和鸭嘴兽就是从蛋里孵化出来的。哺乳动物还有更发达的神经系统，所以它们都很聪明！而且鲸鱼不是鱼类，是哺乳动物哦！

无脊椎动物

1 号嘉宾 · 腔肠动物

腔肠动物的形态非常独特，它们看起来更像植物而不是动物，而且腔肠动物都没有肛门。例如水螅、水母和珊瑚虫都是腔肠动物。

2 号嘉宾 · 扁形动物

除了腔肠动物之外，还有一种动物也没有肛门，就是扁形动物。这只生活在小溪中的涡虫就是扁形动物，它们会从口中伸出一个吸管状的咽，捕食水中的小动物。如果用刀把它的身体切成几段，切下来的这几段可以分别长成新的涡虫呢。

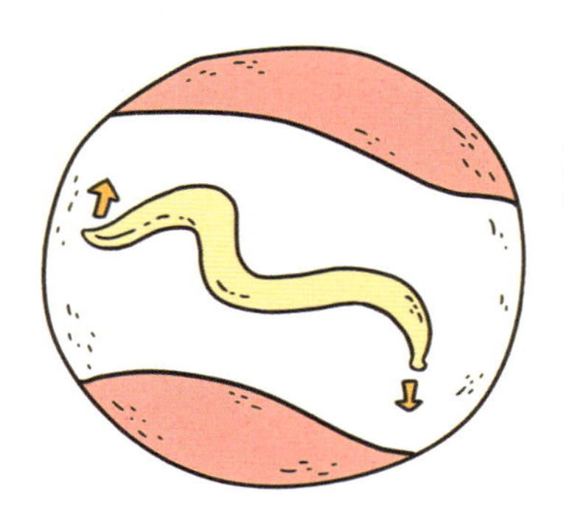

3 号嘉宾 · 线形动物

线形动物的身体像细长的线，一端是口，另一端是肛门。例如寄生在人的小肠中的蛔虫，就是一种线形动物。

4 号嘉宾 · 环节动物

蚯蚓看上去和蛔虫有些像，但却不是线形动物，而是环节动物。你仔细看看蚯蚓，就会发现它的身体是由一环一环的节构成的。

5 号嘉宾 · 软体动物

为了保护自己柔软的身体，很多软体动物都有壳，我们经常见到的蜗牛就是陆地上最常见的软体动物。它们的壳是由身体表面的外套膜分泌出的物质形成的，会随着身体的成长而逐渐变大。

6 号嘉宾 · 节肢动物

节肢动物是动物界的大家族，有 10 万种以上，占已知动物种数的 4/5 以上。我们在生活中经常见到的虾、螃蟹、蝴蝶和蜜蜂都是节肢动物，它们都有一节一节的身体。所有的节肢动物都有足。

无处不在的微生物

撰文：硫克
美术：王婉静 等

除了植物和动物以外，还有一种“神秘”的生命，那就是微生物。我们可以在家里发现它们，你看……

天啊！面包长毛了！

刚到家就有新发现？

青霉和人类有共同点，它们没有叶绿体，无法自己生产食物，人类喜欢的食物，它们也很喜欢。

白色的菌丝会深入食物内部吸收营养，青绿色的孢子成熟后会飘散到空气中。如果孢子落在其他食物上，很快就会长出一片新的青霉。

还有一些真菌寄生在动植物身上，依靠吸取它们身体里的养分生活，这会导致动植物生病或死亡。

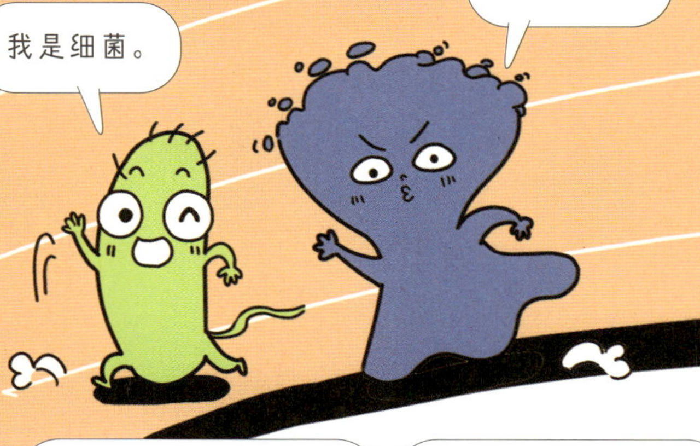

我的种类很多，而且有些能直接用肉眼看到，比如蘑菇、木耳等都是真菌！

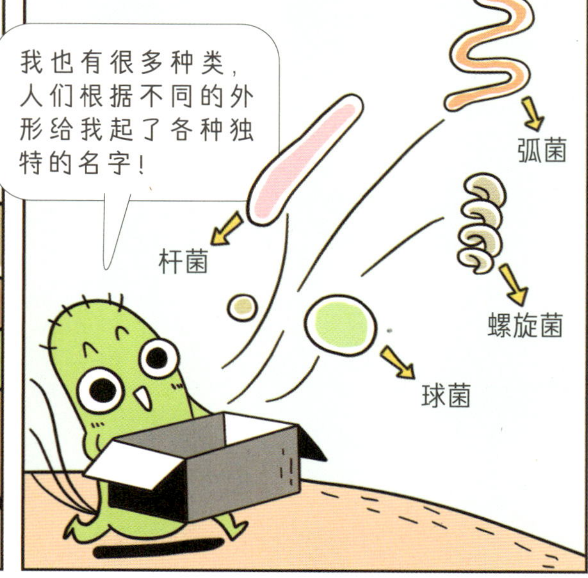

虽然我们的肉眼看不到微生物，但事实上它们无处不在。

病毒是一种结构特别简单的生物，它不是细胞，没有我们熟悉的细胞结构。

结构“不完善”的病毒只能寄生在细胞里,靠细胞中的营养物质存活和增殖。

病毒通过复制自己来增加数量，新病毒会转移到其他细胞中继续复制自己，这往往会给寄主的身体造成很大的伤害。

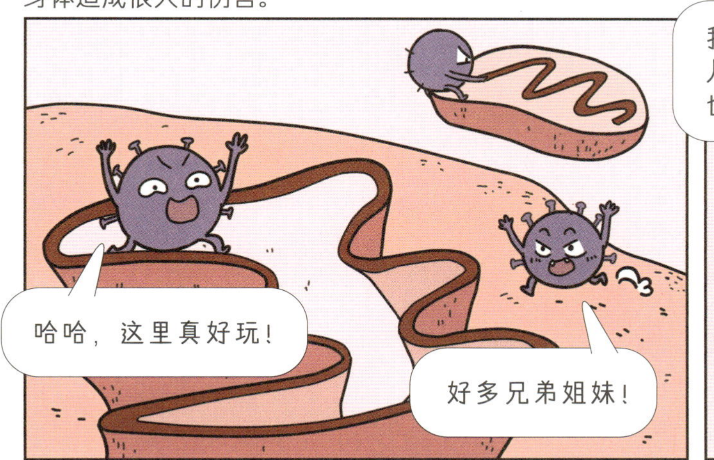

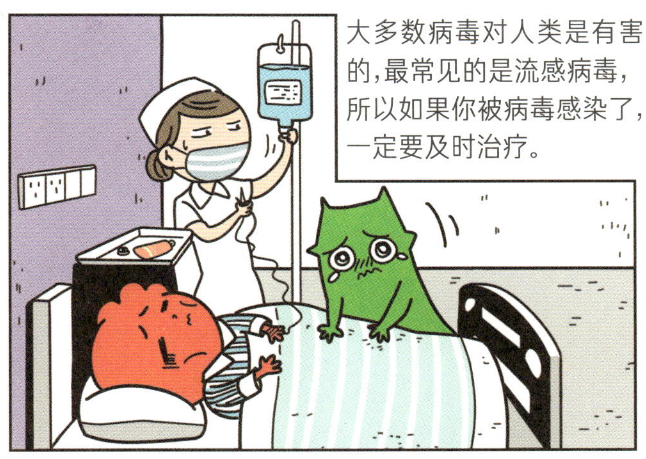

大多数病毒对人类是有害的，最常见的是流感病毒，所以如果你被病毒感染了，一定要及时治疗。

为了应对微生物带来的健康威胁，人们会对那些导致疾病的细菌和病毒进行特殊处理，这样可以让身体记住这些病原体的样子，从而拒绝它们进入细胞，在他们前来进犯时及时攻打，保护身体免遭侵害，这些被处理过的微生物叫作疫苗。

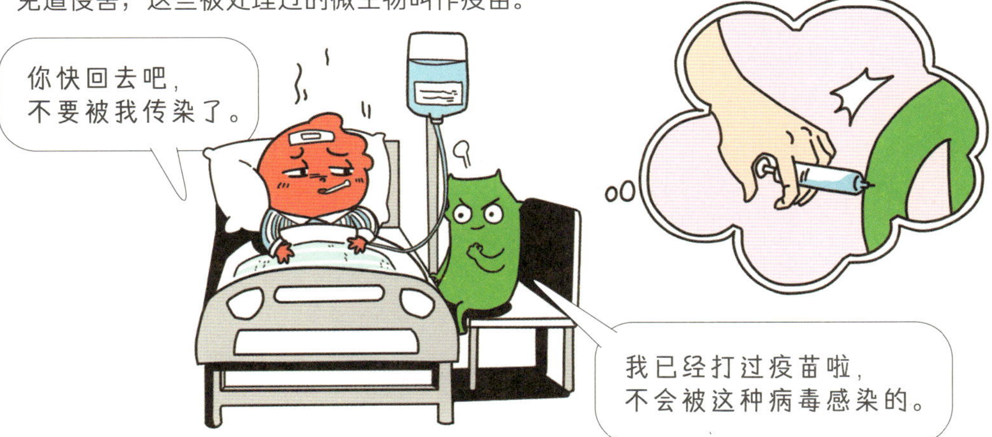

植物的生命是这样延续的

花儿不仅漂亮，
还是植物重要的生殖器官。

撰文：硫克

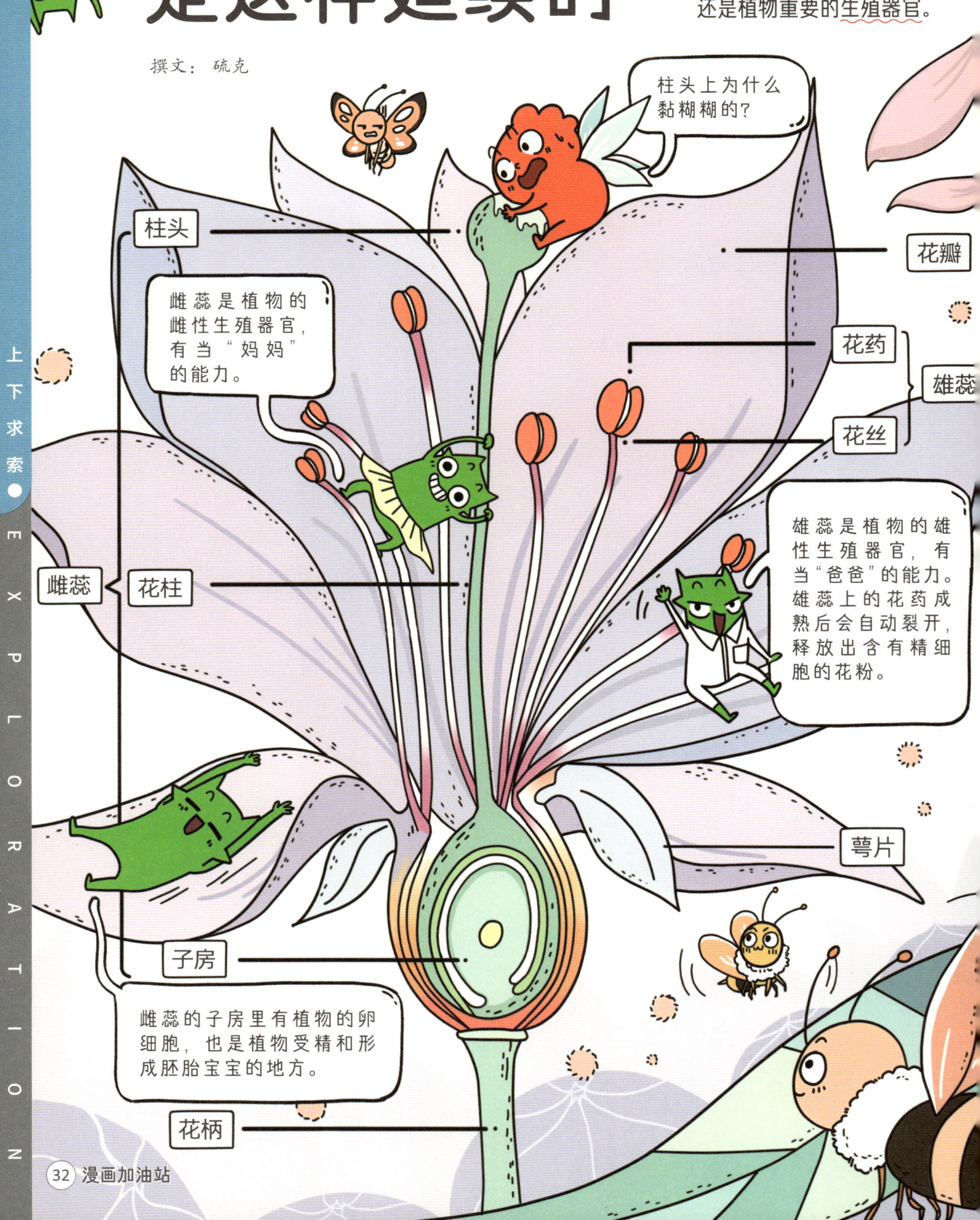

植物的受精过程大致可以分为四步。

第一步 花药裂开，花粉随风飘散。

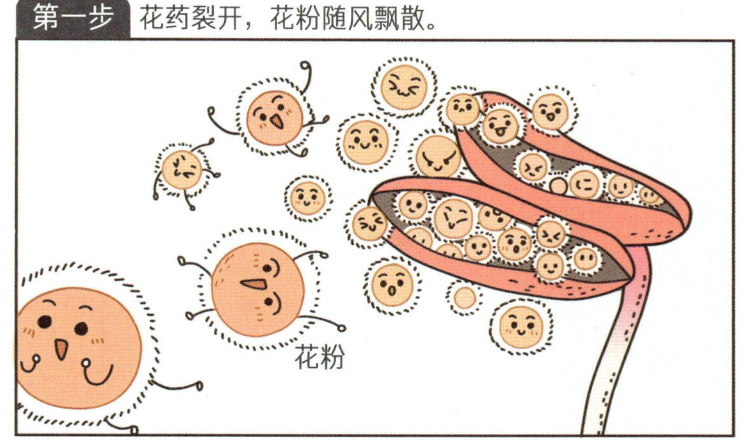

第二步 花粉落到柱头，在柱头上黏液的刺激下长出花粉管。

第三步 花粉管朝向胚珠生长，里面的精细胞也通过花粉管进入胚珠。

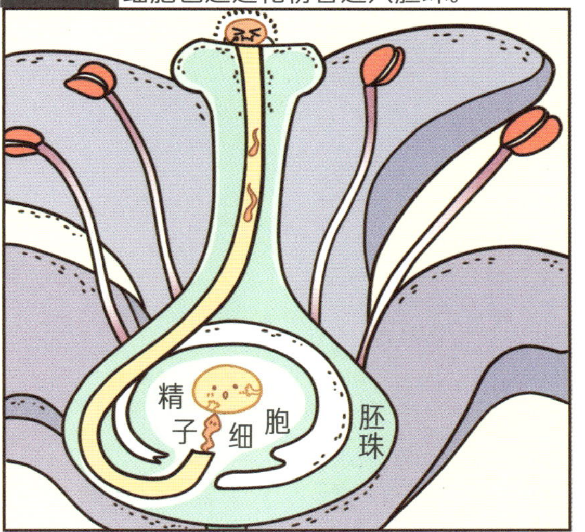

第四步 精细胞和胚珠里的卵细胞结合成受精卵。

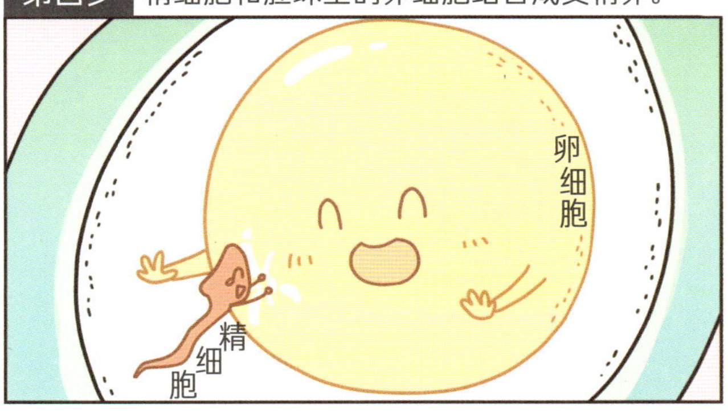

▶随手小记

花粉没有腿，是怎么跑到柱头上去的呢？

原来，大自然里的风和昆虫伸出了“援助之手”。花粉很轻，风一吹就飘起来了，于是花粉可以乘着风落在柱头上。而且，花朵有漂亮的颜色和特殊的气味，可以吸引昆虫落在上面，昆虫在花丛中飞来飞去，身上会沾染很多花粉。同时它会把一部分花粉从一朵花搬运到另一朵花上，帮助植物传播花粉。

动物世界里的生命延续

撰文：波奇

动物的生殖方式比植物还要丰富，先从有性生殖说起吧。

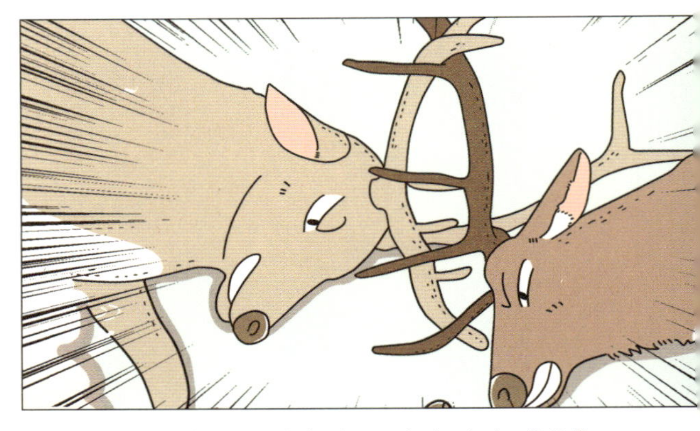

动物分为雄性和雌性，平时大家口头上称为“公”和“母”，还有“男”和“女”。以人为参照，雄性就是爸爸，雌性就是妈妈，生殖需要雄性和雌性共同参与。在大自然里，雄性为了争夺与雌性交配的权利，往往会和其他雄性发生争斗，说白了，谁赢了谁就能和雌性交配。雄性之间互相争斗，越强壮的动物就能拥有越多的交配权，也就有机会留下更多的后代。那些战败的动物没有交配权，也没有机会留下后代，时间久了就会形成“优胜劣汰”的自然规律。

等到精细胞与卵细胞成功结合成受精卵后，故事就不一样了。

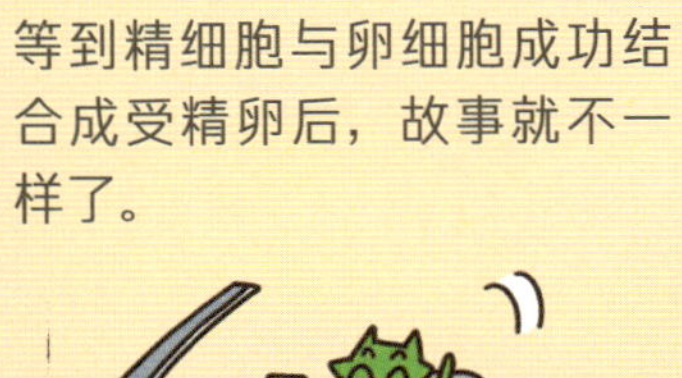

交配是为了受精，让雄性的精细胞与雌性的卵细胞结合，形成受精卵，进而发育成完整的动物。一般来说，雄性会产生很多精细胞，但雌性的卵细胞数量有限，而且每个卵细胞只能与一个精细胞结合。

接下来，带你们去见识一下动物各种各样的生殖方式！

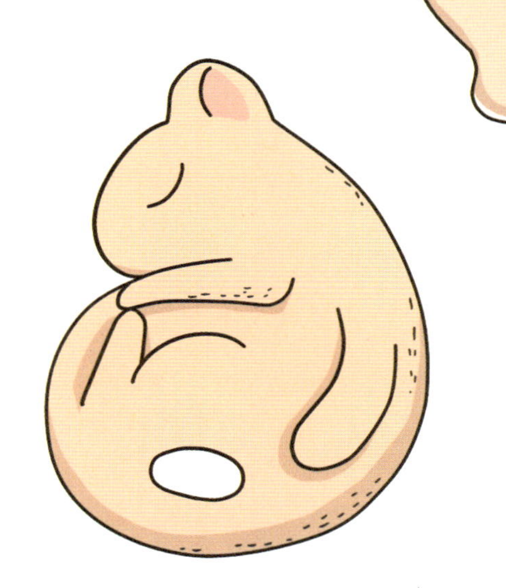

受精卵的胎生之旅

撰文：十九郎

有一类动物的受精卵会在雌性身体里直接“住下来”，并在那里发育成长。一开始，它会在妈妈的身体里旅行，居无定所，这时候要靠自己身体里的卵黄来获取营养。在一个叫“子宫”的宫殿里找到了舒适的位置后，受精卵就会定居下来，这就叫“着床”。对于雌性来说，这时候才算真正怀孕了。之后，受精卵就会逐渐发育成胚胎，最终形成胎儿。最后，胎儿会成长为完整的新生命，通过分娩来到这个世界。这种生殖方式，就叫作胎生。胎生是指受精卵在母亲身体里发育成型之后才出生，可以保证受精卵的安全，提高后代的存活概率。

主编有话说

你知道胎儿吃什么吗？其实，胎儿身上有一条脐带和母体相连，可以通过脐带从母体那里获取营养。所以，怀孕的妈妈一定要好好补身体，因为补的是两人份哦！

神奇的卵生

撰文：李梓涵

卵生是在受精卵还没成形的时候就生出来了，也就是直接把受精卵生出来了。

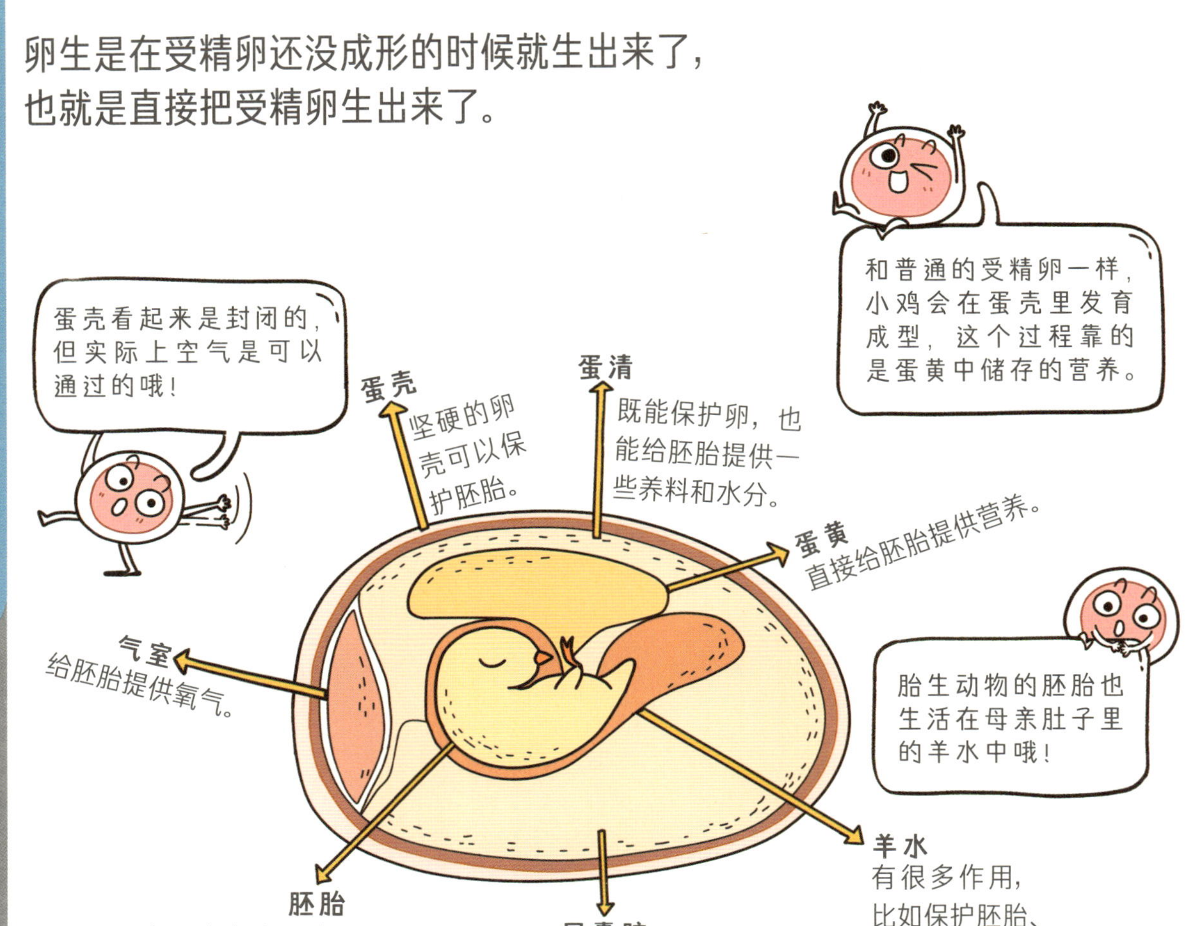

蛋壳看起来是封闭的，但实际上空气是可以通过的哦！
和普通的受精卵一样，小鸡会在蛋壳里发育成型，这个过程靠的是蛋黄中储存的营养。
蛋壳
坚硬的卵壳可以保护胚胎。
蛋清
既能保护卵，也能给胚胎提供一些养料和水分。
蛋黄
直接给胚胎提供营养。
气室
给胚胎提供氧气。
胎生动物的胚胎也生活在母亲肚子里的羊水中哦！
羊水
有很多作用，比如保护胚胎、维持温度等。
胚胎
由胚盘发育而来，最后会发育成小鸡。
尿囊腔
胚胎在这里排泄。

卵生，通俗来说，就是下蛋。你是不是在想，外面的世界很危险，直接把受精卵生下来，它们怎么活下来呢？放心，这些受精卵可不寻常。受精的鸡蛋就是一种受精卵。鸡妈妈会窝在受精后的鸡蛋上，用自己的体温让鸡蛋温暖起来，受精卵在蛋壳中分裂、分化，形成小鸡，最终破壳而出。

● 秘密日记

我们平时吃的鸡蛋竟然都是小鸡吗？

别慌！鸡蛋是鸡的卵，但有的鸡蛋受精了，有的鸡蛋没有受精，只有受精后的鸡蛋才能发育成小鸡。而我们平时吃的，都是没有受精的鸡蛋哦！

更多有趣的生殖方式

撰文：硫克

1 有些动物是雌雄同体的，也就是一个动物身上既有雌性的生殖系统，又有雄性的生殖系统。其中有些动物可以自己完成受精，但是有些动物虽然有两套生殖系统，也必须和其他动物交配才行。不过，雌雄同体一般只出现在低等生物身上，越高等的动物，性别的区分就越明显哦。

2 细胞和细菌的后代是直接由母体分裂产生的。

3 水螅是一种水生的无脊椎动物，其生殖方式也很有意思。它们会长出芽体，芽体长大后会自动脱落，成为新的个体。

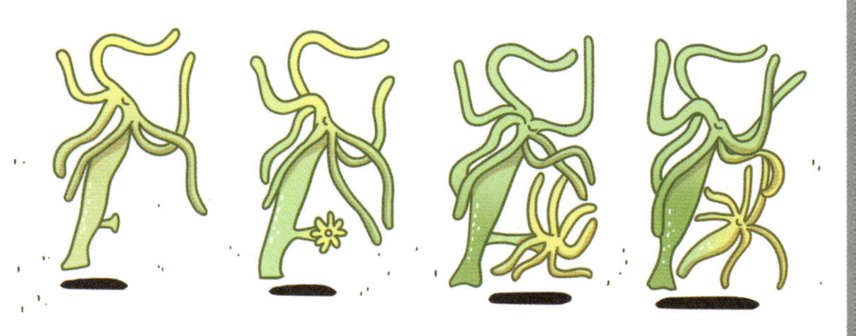

撰文：波奇
美术：王婉静 等

青蛙妈妈找不到自己的孩子了，你知道下面哪些动物是它的孩子吗？

成长“十八变”的神奇动物

你发现了吗，青蛙妈妈的宝宝其实是小蝌蚪。是不是和它长得完全不一样？其实，这就是变态发育——从蝌蚪变成青蛙，发生了很明显的形态变化和生活习性的变化。跟我一起看看青蛙的成长历程吧！

①为了保证卵的存活，两栖动物会把卵产在水里。
②受精卵不会直接发育成小青蛙，而是先成为蝌蚪。
③蝌蚪逐渐发育成有尾巴的幼蛙。
④幼蛙最终会发育为成熟的青蛙。
青蛙主要靠肺呼吸，可以在陆地上活动一段时间，但蝌蚪和幼蛙只能用鳃呼吸，生活在水里。

随手小记

变态发育的动物有两种，一种是像青蛙一样的两栖动物，还有一种是我们日常见到的各种昆虫。比如蝴蝶的卵就会发育成肉虫子，然后会变成蛹，蛹外面会包裹一层膜，也就是茧，虫子在茧里重新生长成蝴蝶，破茧而出。

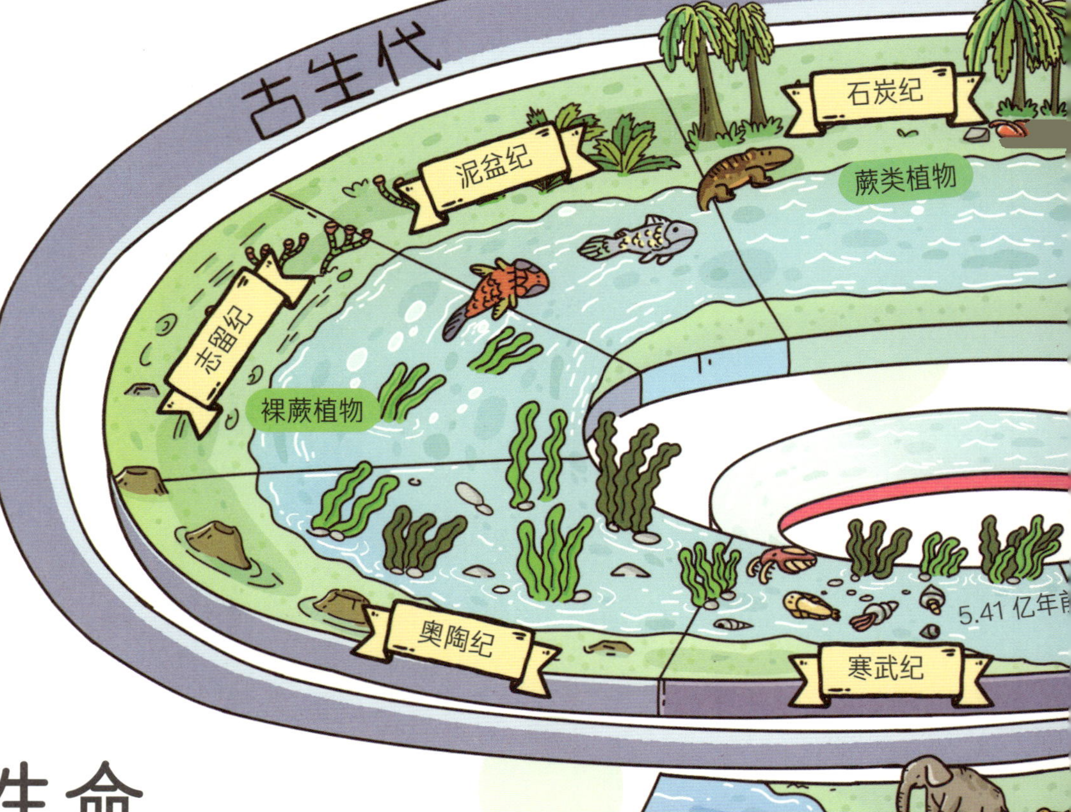

地球生命演化史

地球有着 46 亿年波澜壮阔的演化史，同样，生物也有着漫长的历史。在漫长的历史长河中，人类不是过姗姗来迟的“孩童”，而人类对于生物的研究史也不过是沧海中的一粟。对于生物的研究，人类还有很长的路要走，而生物学的未来掌握在你们的手中。

撰文：十九郎
美术：Studio Yufo

你能找到恐龙生活在哪个时代吗?
中生代
二叠纪
2.51 亿年前
三叠纪
藻类植物
裸子植物
侏罗纪
被子植物
6500 万年前
白垩纪
古近纪

COLUMN

青出于蓝

生物老师有话说！

撰文：波奇

张可文老师

北京育才中学资深生物教师，北京市西城区骨干教师

课后半小时编辑组：地球上有上百万种生物，我们人类就是其中的一分子，但是各种生物的名字不是凭空而来的。张老师能不能给我们还有小朋友讲一讲，谁给生物起的名字呢？

张可文老师：生物的名字千奇百怪，甚至不同地区的人们对于同一种生物也有不同的叫法，这些叫法其实是自古流传下来的，但是这对于人们之间的交流很不方便。

课后半小时编辑组：那有没有全世界都认可的命名方法呢？

张可文老师：有的，瑞典著名的植物学家林奈在 1753 年提出了一种叫作“双名法”的命名方法。根据双名法，每一个物种的学名都由属名和种加词这两部分组成，有时后面还会跟上命名者的姓名和姓名缩写。林奈还建立了一种生物学的分类系统，根据生物的不同特性把它们分为几个层次，分别是界、门、纲、目、科、属、种。

课后半小时编辑组：可以举一个例子吗？

张可文老师：比如说，提到猫科动物，你能想到什么呢？

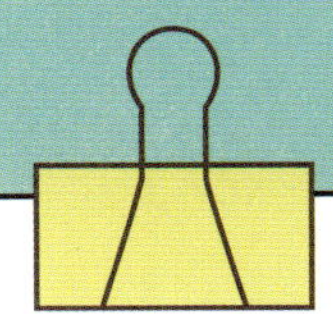

课后半小时编辑组 家猫、老虎和狮子。

张可文老师 是的，它们都有一些相似的特性，而这些相似的特性决定了它们都属于猫科动物。这样看来，条理清晰的分类不仅有利于人们的交流，还能帮助我们更快、更准确地了解每种生物的特点，进而帮助我们去研究生物。

课后半小时编辑组 提到研究生物，人们都说21世纪是生物学的时代，很多科学家都在努力研究生物，研究生物技术。那对于小朋友来说，您觉得为什么他们需要了解生物呢？

张可文老师 生物学其实是一门很年轻的学科，可是人类对生命的探索却有着十分悠久的历史。可以说，观察生物、学习生物其实是我们人类探索自然的方法之一。人类本身就是自然的一部分，二者是息息相关的，学好生物，认识到自然界中生命的多姿多彩，小朋友们慢慢地就会发展出尊重自然、敬畏生命的美好品质。

课后半小时编辑组 那学习生物对未来有帮助吗？

张可文老师 当然，近年来，生物学对于医学、药学等学科的重要性日益突显，现在学习生物、了解生物，为孩子们之后了解先进的技术和科学都会有很大的帮助。如果未来想要投入生物学研究的怀抱中，现在可一定要学习生物啊。

THINKING

头脑风暴

01 人类是单细胞生物，还是多细胞生物呢？（　）

A. 单细胞

B. 多细胞

六年级 科学

02 细菌是一种原核生物，没有细胞核，那它体内哪个部分的作用和细胞核类似呢？（　）

A. 拟核

B. 核糖体

六年级 科学

03 我们流血的时候，是谁负责修补破裂的血管壁呢？（　）

A. 血小板

B. 红细胞

六年级 科学

04 江水在春天为什么会呈现绿色？（　）

A. 因为江水反射了太阳光

B. 因为绿色的藻类植物在春天大量繁殖

一年级 科学

05 鲸也是鱼类吗？（　）

A. 是的，它是鱼类

B. 不是，它是哺乳动物

一年级 科学

06 软体动物长大之后，它原来的壳会装不下它吗？（　）

A. 不会，因为它的壳也会变大

B. 是的，因为它的壳不会变大

一年级 科学

07 受精卵在母亲体内发育成形之后出生，这样的生殖方式是什么呢？（　）

A. 胎生

B. 卵生

三年级 科学

08 雌雄同体一般出现在什么生物身上呢？（　）

A. 低等生物

B. 高等生物

六年级 科学

09 虽然我们肉眼看不到微生物，但是它们无处不在。我们要怎么对待这些微生物呢，是把它们当作敌人还是当作朋友？

六年级 科学

名词索引

头脑风暴答案

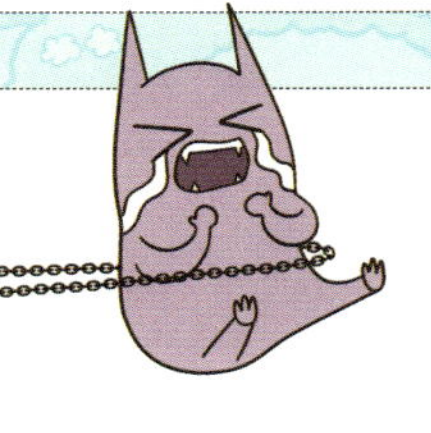

1.B 2.A 3.A 4.B 5.B 6.A 7.A 8.A

9. 参考答案：要知道，我们身边有各种各样的微生物，我们要正确对它们，既不能“一棍子打死”，也不能毫无保留地“接受”所有微生物。因为有的微生物是有益的，它们可以造福人类，我们要学会利用它们；也有对人体有害的微生物，它们会伤害我们，所以我们一定要防止它们钻空子。

致谢

《课后半小时 中国儿童核心素养培养计划》是一套由北京理工大学出版社童书中心课后半小时编辑组编著，全面对标中国学生发展核心素养要求的系列科普丛书，这套丛书的出版离不开内容创作者的支持，感谢米莱知识宇宙的授权。

本册《神奇生物 丰富的生命世界》内容汇编自以下出版作品：

[1]《这就是生物：生命从细胞开始》，北京理工大学出版社，2022 年出版。

[2]《这就是生物：上天入地寻踪生命》，北京理工大学出版社，2022 年出版。

[3]《这就是生物：生命延续的故事》，北京理工大学出版社，2022 年出版。

[4]《进阶的巨人》，电子工业出版社，2019 年出版。

[5]《欢迎来到博物世界》，北京理工大学出版社，2022 年出版。

图书在版编目（CIP）数据

神奇生物：丰富的生命世界 / 课后半小时编辑组编著. -- 北京：北京理工大学出版社, 2023.8（2024.9 重印）

ISBN 978-7-5763-1925-5

Ⅰ.①神… Ⅱ.①课… Ⅲ.①生物学—少儿读物

Ⅳ.①Q-49

中国版本图书馆CIP数据核字(2022)第242204号

出版发行 / 北京理工大学出版社有限责任公司
社　　址 / 北京市丰台区四合庄路6号
邮　　编 / 100070
电　　话 /（010）82563891（童书出版中心）
网　　址 / http: //www. bitpress. com. cn
经　　销 / 全国各地新华书店
印　　刷 / 雅迪云印（天津）科技有限公司
开　　本 / 787毫米 × 1092毫米　1 / 16
印　　张 / 3
字　　数 / 80千字
版　　次 / 2023年8月第1版　2024年9月第3次印刷
审 图 号 / GS京（2023）1317号
定　　价 / 30.00元

责任编辑 / 封　雪
文案编辑 / 封　雪
责任校对 / 刘亚男
责任印制 / 王美丽